OBSERVATOIRES ASTRONOMIQUES

DE

PROVINCE.

ANNÉE 1880.

PARIS.

IMPRIMERIE NATIONALE.

1881.

RAPPORT

ADRESSÉ

PAR LE COMITÉ CONSULTATIF

DES OBSERVATOIRES ASTRONOMIQUES DE PROVINCE

À M. LE MINISTRE DE L'INSTRUCTION PUBLIQUE.

Rapporteur : M. M. LŒWY.

Dans l'année qui vient de s'écouler, l'œuvre de réforme de l'astronomie française a été poursuivie avec une grande énergie.

Grâce à votre bienveillance, Monsieur le Ministre, les observatoires en voie de création ont été dotés de nouvelles ressources, et sur les 215,000 francs que vous aviez sollicités vous avez obtenu des Chambres 100,000 francs qui permettront aux divers établissements de compléter en partie leur outillage astronomique.

En décidant la création de l'observatoire d'Alger, qui, par sa position, au point de vue du climat, se trouve le plus favorisé, vous avez exaucé l'un des vœux les plus ardents du Comité consultatif relativement aux observatoires coloniaux. Aussi le Comité vient-il Monsieur le Ministre, en s'inspirant des intérêts scientifiques les plus élevés, vous offrir l'hommage sincère de sa vive reconnaissance pour tous les efforts que vous avez bien voulu consacrer au développement de notre science astronomique.

Si nous ne pouvons pas encore, Monsieur le Ministre, vous présenter une abondante récolte d'observations, cela tient uniquement à la nature même des choses.

Il importe en effet de bien se rappeler que le temps est un facteur nécessaire dans l'œuvre de réorganisation actuellement poursuivie. C'est par son action prolongée seule que les réformes de tout genre peuvent arriver à produire des résultats appréciables. Et cette condition, si naturelle dans le développement des facultés humaines, s'accuse plus encore lorsqu'il s'agit de réaliser des progrès dans un ordre d'idées où la culture intellectuelle a déjà atteint un niveau très élevé.

L'astronomie expérimentale, grâce à la sollicitude des pouvoirs publics, et grâce particulièrement aux encouragements éclairés que vous n'avez cessé de lui accorder depuis plusieurs années, commence à sortir du regrettable état d'abandon où elle avait été laissée depuis le début du siècle, et dont le contre-coup se fera malheureusement sentir encore pendant quelque temps. A la vérité, l'œuvre de relèvement ne dépend pas uniquement des ressources matérielles; elle exige le concours d'un personnel habile qui ne pourra se former qu'à la suite d'une longue expérience; il faudra en outre encore quelques années pour l'achèvement et la construction des observatoires et des instruments.

Ainsi les observatoires de Bordeaux et de Lyon sont munis seulement depuis quelques mois de leurs premiers instruments de précision, et celui de Toulouse vient de recevoir, il y quelques jours à peine, sa lunette la plus indispensable.

C'est sous l'empire de ces considérations qu'il faut nécessairement se placer si l'on veut apprécier équitablement les résultats acquis dans l'année qui vient de s'écouler. On pourra ainsi constater que, malgré l'état encore rudimentaire de ces établissements, des résultats sérieux ont déjà été obtenus.

Pour bien caractériser ces recherches, il convient d'exposer brièvement le plan et le but des principaux travaux entrepris par les observatoires de province.

Depuis que, vers la fin du XVIIe siècle, Rœmer eut l'heureuse inspiration de proposer l'installation de lunettes dans le plan méridien, les observations méridiennes sont devenues la base principale des travaux dans les grands observatoires.

En effet, elles sont destinées à fournir dans l'espace, avec la plus haute précision qu'il soit possible d'atteindre, des points de repère désignés sous le nom d'étoiles fondamentales, par rapport auxquelles on détermine la position des autres astres qui peuplent la voûte céleste.

Ces observations n'ont pas seulement pour but de nous fournir pour une époque donnée la carte exacte du ciel, mais elles doivent, étant faites à des époques différentes, nous conduire par leur comparaison successive à la connaissance du mouvement des astres et des lois qui président à ces mouvements.

De plus, à côté de ces études qui contribuent à élargir l'horizon des connaissances humaines, et semblent à première vue ne présenter qu'un intérêt purement théorique, les observations méridiennes offrent à chaque pas des applications variées et d'une utilité toute pratique.

C'est ainsi que par elles nous arrivons à déterminer les longitudes et les latitudes des principaux points du globe terrestre, et à fournir des bases certaines et indispensables aux sciences géographique et géodésique. Nous arrivons encore, par ces observations, à la connaissance exacte de l'heure, élément d'une importance fondamentale pour l'industrie horlogère, et qui joue un si grand rôle dans les transactions de la vie.

En France, ces observations étaient négligées à peu près complètement, et tandis que, dans les autres pays, nous trouvions depuis plusieurs siècles des catalogues d'étoiles de toute nature, nous n'avions, en dehors du catalogue de Lalande, publié au commencement du siècle dernier, et des travaux récents accomplis à l'observatoire de Paris, aucun document important à présenter dans cet ordre d'idées.

C'est à des études de cette nature que se livrent les observatoires de Marseille et de Bordeaux.

Nous avons déjà, dans le rapport de l'an dernier, indiqué le but que se propose M. Stéphan, le directeur de l'observatoire de Marseille, par la réobservation des étoiles du catalogue de Rümker; il suffira de faire une courte analyse d'un travail analogue commencé par M. Rayet, directeur de l'observatoire de Bordeaux.

En se fondant sur les considérations que nous avons succinctement développées tout à l'heure, un grand travail d'exploration de la voûte céleste a été entrepris de concert par un grand nombre d'observatoires d'Europe et d'Amérique. Il s'agit de déterminer avec précision les coordonnées de toutes les étoiles jusqu'à la 9e et 10e grandeur qui peuplent l'hémisphère boréal.

Dans le plan général commun, ainsi conçu, les astronomes n'avaient pas compris, à cause de la position défavorable de la plupart de leurs observatoires, la partie la plus boréale de l'hémisphère austral. Pour combler cette lacune, M. Rayet a entrepris de déterminer les coordonnées de 23,000 étoiles de la région australe entre 15° et 30° observées par Argelander vers 1850 à l'observatoire de Bonn.

Ces observations méridiennes, qui constituent une recherche de longue haleine faite dans des conditions excellentes avec des instruments qui réalisent tous les progrès de notre époque, fourniront, nous en sommes persuadés, d'ici à quelques années, des œuvres considérables; leur entreprise nous semble constituer un titre particulier pour les savants qui s'y livrent.

En effet, on peut, dans toutes les sciences, noter un certain nombre de travaux d'un ordre tout spécial qui, tout en demandant une ardeur soutenue et des labeurs incessants, ne sont pas néanmoins de nature à jeter un grand éclat sur le savant qui y consacre souvent une longue série d'années. C'est donc aux hommes compétents qu'il appartient de bien faire ressortir le mérite de ces travailleurs modestes uniquement animés du désir de servir la science sans préoccupation de leur renommée personnelle.

Les observations méridiennes peuvent être rangées parmi ces études pour ainsi dire ingrates. Pendant la durée toujours très longue de ces travaux pénibles, et même à l'époque de la publication des résultats sous la forme de catalogue, le mérite de l'astronome est bien loin d'être apprécié à sa juste valeur; son œuvre ne lui attire pas la faveur, l'attention qu'on accorde souvent à des recherches d'une bien moindre importance.

Pourtant, ces documents, s'ils répondent aux progrès de la science moderne, possèdent une valeur qui va en s'accroissant avec le temps, parce qu'ils doivent servir de base fondamentale, dans les époques futures, aux plus hautes investigations.

Ce sont ces considérations qui nous font un devoir, Monsieur le Ministre, de vous signaler, d'une manière toute spéciale, les travaux de cette catégorie entrepris par les directeurs des observatoires de Marseille et de Bordeaux.

Le plan des travaux de l'observatoire de Toulouse se trouvera profondément modifié par suite de l'achèvement de l'équatorial de 9 pouces qui vient d'y être installé.

Le Comité consultatif a accueilli avec une vive satisfaction l'engagement qu'a bien voulu prendre M. Baillaud de se livrer, à l'aide de cet instrument, dans l'année qui commence, à des recherches personnelles d'un ordre scientifique très élevé.

On peut donc espérer que l'observatoire de Toulouse entrera bientôt, pour les observations de haute précision, dans l'arène scientifique, et nous fournira des travaux dignes du jeune et distingué savant qui le dirige.

Parmi les travaux en cours d'exécution, M. Baillaud a donné une nouvelle impulsion aux études des étoiles variables. La mesure de l'éclat des astres remonte à l'antiquité la plus reculée : l'apparition subite d'une étoile, brillant d'un éclat extraordinaire, aurait tellement frappé l'imagination d'Hipparque, ce grand philosophe, fondateur de l'astronomie scientifique, qu'il conçut immédiatement le dessein de léguer aux générations futures un document qui leur permît de reconnaître si les étoiles étaient sujettes à des variations considérables d'éclat. Ce serait donc à cette inspiration que nous devrions le premier catalogue existant, ouvrage d'une haute importance et qui, transmis par l'Almageste, nous reproduit l'image de la voûte céleste telle qu'elle était à cette époque, c'est-à-dire il y a environ deux mille ans.

Cette étude est aujourd'hui une des grandes questions de l'astronomie contemporaine.

Les rayons lumineux sont en effet les seuls messagers qui nous mettent en relation directe avec les astres.

Les astronomes doivent donc étudier avec la plus scrupuleuse attention toutes les manifestations de ces phénomènes lumineux qui seules peuvent nous dévoiler quelques-uns des secrets des mondes éloignés.

Par l'analyse du caractère et de la durée de la période des variations si merveilleuses d'éclat que nous constatons, on arrive à des conclusions très probables sur la constitution physique des corps célestes, sur la durée de leur rotation, sur leur distance par rapport à nous, sur la phase d'existence stellaire dans laquelle ils se trouvent, et sur beaucoup d'autres questions de même ordre.

Ces études importantes se trouvaient absolument délaissées en France. M. Baillaud a donc choisi un sujet de travail très opportun, et dont la poursuite sera très utile à la science astronomique.

Parmi les observatoires de France dont la réorganisation est entreprise aujourd'hui et en cours d'exécution, celui d'Alger est le moins avancée : il ne possède aucun terrain définitif d'établissement, et les quelques instruments qui s'y trouvent sont du plus petit modèle et dépourvus des accessoires les plus élémentaires.

M. Trépied a été chargé de la direction de cet observatoire à la fin de 1880, et, pour parer aux nécessités les plus urgentes, un petit crédit lui a été accordé.

Dans cette situation si provisoire et si difficile, le nouveau directeur a déployé la plus grande énergie; il a observé de nombreuses séries de culminations lunaires, et les résultats déjà publiés montrent que les observations, effectuées avec un tout petit instrument, dans des conditions défavorables, sont excellentes.

M. Trépied a en outre organisé un service très utile pour la marine; il s'occupe d'une manière toute particulière de l'étude des chronomètres.

Il a de plus entrepris une série de recherches mathématiques personnelles qui révèlent beaucoup de persévérance et de sagacité.

En tenant compte de la brièveté du temps dans lequel de pareils résultats ont été obtenus, on ne peut s'empêcher de reconnaître que M. Trépied a droit aux éloges et aux encouragements les plus légitimes.

Vous voyez, Monsieur le Ministre, que, malgré l'état encore incomplet dans lequel se trouvent la plupart des observatoires de province, on peut affirmer qu'une ère nouvelle vient de naître pour l'astronomie française.

Les entraves qui s'opposaient autrefois au libre développement de notre science et enchaînaient l'initiative des astronomes français n'existant plus, grâce aux réformes réalisées de nos jours, nous avons la ferme conviction que le génie national, reprenant son libre essor, révèlera bientôt dans les recherches de l'astronomie d'observation cette valeur et cette fécondité admirables qu'il n'a jamais cessé de déployer avec tant d'éclat dans le domaine de la théorie pure.

Avant de mettre sous vos yeux, Monsieur le Ministre, le compte rendu détaillé des travaux effectués dans les divers observatoires, nous croyons devoir vous soumettre les conclusions auxquelles nous a conduits l'étude approfondie à laquelle nous nous sommes livrés sur la situation et les besoins de nos établissements de province.

Le Gouvernement a bien voulu, de concert avec la ville de Besançon, décider la création d'un observatoire destiné à provoquer et à constater les progrès de l'industrie horlogère locale et à lui venir en aide.

L'urgence de cette création s'impose chaque jour davantage. La concurrence étrangère devient en effet redoutable. Les Américains particulièrement, dans leur ardeur universelle d'entreprise, ont, depuis quelques années, fondé des fabriques d'horlogerie où, par le concours de capitaux considérables et par la centralisation du travail, on a pu simplifier les procédés de construction et réaliser ainsi une économie sérieuse sur le prix de revient. Il en résulte que les États-Unis offrent au commerce leurs produits à des prix inférieurs à ceux des autres pays. La Suisse, menacée, comme la France, par le travail américain, s'est mise en devoir de résister le plus tôt possible. La République helvétique, depuis plusieurs années déjà, a créé des observatoires chronométriques à Neuchâtel et à Genève, afin de donner un nouvel essor à son industrie horlogère et de lui assurer la suprématie dans le monde au point de vue de la précision des produits; aussi la fabrication suisse a-t-elle fait des progrès sérieux et constants, et elle peut ainsi lutter avec succès et se maintenir au rang élevé qu'elle occupait jadis.

Nous nous trouvons donc aujourd'hui en face d'une double rivalité, celle de la perfection du travail et celle du bon marché des produits. Il est par suite urgent, Monsieur le Ministre, de prendre immédiatement des mesures pour le prompt développement de l'observatoire chronométrique de Besançon.

Il ne s'agit pas seulement de sauvegarder les intérêts légitimes d'une industrie qui constitue une des principales branches de l'activité nationale en Franche-Comté; il faut considérer encore que la France est une grande nation maritime et qu'il convient d'assurer par tous les moyens possibles la sécurité de la navigation.

Or, l'un des éléments les plus importants sur lesquels s'appuient les marins dans la détermination de leur route est la connaissance exacte de l'heure.

Cet élément s'obtient à l'aide de chronomètres, et il sera naturellement d'autant plus précis que la construction de ces appareils sera plus parfaite et leur marche plus régulière.

Ce sont ces deux ordres de considération, Monsieur le Ministre, qui font au Comité consultatif un devoir de vous signaler l'urgence des mesures à prendre.

Il lui reste encore un double vœu à exprimer en ce qui concerne d'une part l'observatoire d'Alger, et ensuite l'ensemble des autres observatoires départementaux.

Quant à Alger, considérant le climat merveilleux de ce point de notre colonie, plus favorable aux découvertes et aux recherches astronomiques qu'aucun autre observatoire français, considérant en outre l'initiative particulière dont a fait preuve son directeur, le Comité consultatif recommande d'une manière toute spéciale à votre haute sollicitude l'organisation de cet établissement, qui malheureusement se trouve encore aujourd'hui dépourvu des moyens de travail les plus élémentaires et ne dispose pas même d'un terrain définitif d'installation.

Quant aux observatoires de province, le Comité, ayant fait connaître dans des rapports spéciaux l'étendue des besoins et les mesures à prendre pour y satisfaire, ne doute pas, Monsieur le Ministre, que vous n'ayez à cœur de terminer une œuvre à l'accomplissement de laquelle vous avez déjà contribué pour une si large part, et qui, une fois achevée, se trouvera inscrite sur l'une des plus belles pages de l'histoire scientifique de l'astronomie française.

OBSERVATOIRE DE MARSEILLE.

PERSONNEL.

Le personnel scientifique comprend :

MM. Stéphan, astronome titulaire, *Directeur;*
Borrelly, astronome adjoint de 2e classe;
Coggia, astronome adjoint de 3e classe;
. . . . . , élève astronome;
Et deux calculateurs.

BUDGET.

Le budget pour 1881 comprend 31,100 francs, savoir 16,100 francs alloués par l'État et 15,000 francs alloués par la ville.

INSTRUMENTS.

Les instruments principaux dont est muni l'observatoire sont : un cercle méridien, un télescope, un équatorial et un chercheur.

Ces quatre instruments sont en parfait état; tous ont continué d'être employés journellement d'une manière régulière.

Bientôt une nouvelle pendule, pour laquelle un crédit spécial de 5,000 francs a été accordé, se trouvera construite, et alors l'installation de la salle méridienne laissera peu à désirer.

Le télescope ne possède qu'une monture provisoire en bois, monture fort bien imaginée par Léon Foucault, très simple et bien en harmonie avec les dispositions générales de la coupole, mais qui n'est nullement en rapport avec les qualités optiques du miroir; ce n'est en quelque sorte qu'un modèle de monture. Un semblable support ne se prête pas à un réglage précis, et dans ces conditions le maniement de l'appareil devient très pénible.

Malgré ces difficultés, M. le directeur a fait de nombreux travaux à l'aide de cet instrument; il a découvert un nombre considérable de nébuleuses nouvelles.

TRAVAUX EXÉCUTÉS.

ASTRONOMIE.

Le plan des travaux fixé par M. Stéphan, l'an dernier, a été fidèlement exécuté par lui et son personnel.

Le service méridien a été confié pendant le premier semestre à M. Coggia, et pendant le deuxième à M. Borrelly.

Les travaux effectués dans ce service comprennent :

1° La détermination de l'heure;

2° L'observation des étoiles de comparaison;

3° La revision du catalogue de Rümker.

La reprise des observations faites à Hambourg par Rümker a été activement poursuivie, et les résultats obtenus par les deux observateurs sont très importants : M. Borrelly a déterminé les coordonnées de 2,117 astres et M. Coggia en a déterminé 1,050. L'ensemble de ces observations fournit donc 3,167 positions en ascension droite et autant en distance polaire.

M. Coggia a trouvé le 30 août la planète Eudore, et cet astre a été ensuite observé par lui aussi longtemps que possible.

M. Borrelly a cherché activement, quoique sans succès, aux époques supposées favorables, les planètes dont on soupçonne l'existence entre Mercure et le Soleil.

Un grand intérêt scientifique s'attache à la solution de cette question, savoir : s'il se trouve des corps célestes circulant dans cet espace. La tâche de l'astronome qui se livre à cette recherche est très périlleuse : il s'expose, en effet, à dépenser pendant des années son activité en vains efforts, si l'hypothèse sur laquelle il s'appuie, et qui, aujourd'hui, présente un haut degré de probabilité, manque néanmoins de réalité. On doit donc accueillir avec reconnaissance des investigations qui offrent une perspective si peu séduisante.

Il faut joindre à la liste de ces travaux 46 observations de planètes et de comètes effectuées par MM. Borrelly et Coggia.

M. Stéphan a publié une liste de 40 nébuleuses nouvelles, découvertes par lui, et s'est appliqué à fixer les positions de celles dont il avait antérieurement reconnu l'existence. C'est ainsi qu'il a déterminé les coordonnées de 67 de ces astres, dont les réductions sont avancées et seront prochainement publiées.

En dehors de ces recherches personnelles qui forment l'occupation principale du directeur, M. Stéphan a obtenu 14 positions de comètes, et complété les calculs relatifs à la détermination des différences de longitude entre Lyon et Marseille, exécutée en 1877, de concert avec M. le lieutenant colonel Perrier.

Au point de vue de la production scientifique, on peut donc affirmer que la situation générale de l'observatoire de Marseille est très satisfaisante.

MÉTÉOROLOGIE.

Les observations météorologiques et magnétiques ont continué d'être faites régulièrement de trois heures en trois heures, de 7 heures du matin à 10 heures du soir. On y a joint celles de 8 heures 1/2 du soir pour le service international.

Ces observations comprennent : la température, le degré d'humidité de l'air, la pression atmosphérique, la direction et la force des vents, l'état du ciel, la pluie, et la direction de l'aiguille aimantée.

M. le directeur a fait, cette année, de nombreuses déterminations de la déclinaison magnétique absolue, au moyen d'un appareil qu'il a fait construire de concert avec M. Rayet.

La pièce principale de cet appareil est un barreau creux en acier aimanté, de 20 centimètres de longueur, portant à l'une de ses extrémités un objectif, et à l'autre un micromètre sur plaque de verre, qui est exactement placé au foyer de l'objectif. Ce barreau, qui constitue un véritable collimateur magnétique, repose sur un étrier très léger, en cuivre rouge, suspendu à un faisceau de fil de cocons sans torsion et d'une résistance strictement suffisante.

Il suffit de viser deux fois le réticule avec un théodolite, pour obtenir, par le moyen de deux lectures, la position du méridien magnétique.

Les variations de la déclinaison ont été, comme par le passé, déterminées à l'aide de la boussole à réflexion de Gauss.

OBSERVATOIRE DE TOULOUSE.

PERSONNEL.

Le personnel se compose de :

MM. Baillaud, astronome titulaire, *Directeur* ;

Fabre et Jean, élèves astronomes ;

Saint-Blancat (de), auxiliaire.

BUDGET.

Le budget de l'observatoire se compose de 12,000 francs alloués par l'État, et de 10,000 francs alloués par la ville; depuis 1879, une subvention spéciale de 5,000 francs a été en outre accordée par la ville pour le traitement d'un auxiliaire et l'impression des observations.

INSTRUMENTS.

L'observatoire de Toulouse possédait déjà :

1° Un télescope de $0^{m},85$ d'ouverture et de 5 mètres de distance focale, construit par M. Secrétan; Le miroir est l'œuvre des frères Henry;

2° Un chercheur de comètes et de planètes, d'Eichens, système Villarceau ;

3° Une ancienne lunette de passages de Ramsden, dont la stabilité laisse beaucoup à désirer ;

4° Un petit télescope de Foucault ;

5° Un petit équatorial de $0^{m},108$ d'ouverture, et une lunette de Bianchi sans monture parallactique.

6° Cet établissement astronomique possède en outre, depuis quelques mois, un équatorial de $0^{m},25$ d'ouverture, de MM. Brunner frères. Cet instrument dont le fonctionnement est sous tous les rapports très satisfaisant, est muni d'un micromètre pour les observations usuelles, et d'un second micromètre pour les étoiles doubles. Il a de plus un spectroscope à vision directe pour l'étude des protubérances solaires.

Ce nouvel équatorial, installé au mois de novembre, n'a pu servir aux études qu'au commencement de cette année.

Les instruments météorologiques et magnétiques comprennent : un baromètre, un thermomètre sec, un pluviomètre, un anémomètre et un anémoscope. Ces divers instruments sont enregistreurs.

Un pavillon magnétique a été construit pour recevoir deux belles boussoles de Brunner que le Bureau des longitudes a confiées à l'observatoire de Toulouse, et qui sont provisoirement installées au centre du jardin.

TRAVAUX.

ASTRONOMIE.

L'année 1880 a été pour l'observatoire de Toulouse la dernière d'une période pendant laquelle les observations accidentelles ont été seules possibles, en raison de l'imperfection des instruments.

On a continué avec assiduité les séries d'observations commencées en 1873. Des séries nouvelles ont été organisées en vue de l'avenir.

On a pu, grâce à la remise en état du miroir du télescope, effectuer 70 observations des satellites de Saturne ; 27 observations d'éclipses des satellites de Jupiter et 73 autres phénomènes relatifs à cette planète.

Toutes les fois que le temps l'a permis, la lune et les étoiles de culmination lunaire ont été observées alternativement par MM. Fabre et de Saint-Blancat, qui ont ainsi obtenu 40 positions de cet astre.

M. Baillaud a ensuite organisé un service pour l'étude des étoiles variables, en prenant pour base le catalogue de Chambers. Nous avons déjà fait valoir l'utilité de cette entreprise.

Le plan des travaux réguliers comprend en outre l'examen des taches solaires. L'observation de ce phénomène a été poursuivie avec un grand zèle par M. Jean, qui, conformément au programme, a déterminé même les plus faibles. Il a pu ainsi recueillir 550 observations et dessiner plusieurs de ces taches.

Parmi les travaux accidentels, il convient de mentionner les observations d'étoiles filantes effectuées pendant les nuits du 9 au 13 août par MM. Fabre, Jean et de Saint-Blancat, qui, durant cette période, ont compté plus de 1,200 de ces corpuscules appartenant à l'essaim des Perséides.

La publication du premier volume des Annales, comprenant la plus grande partie des travaux exécutés jusqu'en 1878, a été achevée, et celle du tome II est en partie préparée. Mais des résultats partiels ont déjà été publiés dans les *Comptes rendus de l'Académie des sciences*, savoir : un résumé des corrections des éphémérides de Jupiter, résultant des observations de 1879, et un court extrait d'un mémoire sur le calcul des intégrales définies.

MÉTÉOROLOGIE.

L'organisation de ce service et l'installation des instruments enregistreurs ont demandé beaucoup de temps à M. le directeur, qui a été aidé tout particulièrement dans cette tâche par M. Fabre.

Les observations magnétiques et météorologiques ont continué à être faites régulièrement de 7 heures du matin à 10 heures du soir, de trois en trois heures.

Ces observations comprennent : la température, le degré d'humidité de l'air, la pression atmosphérique, la direction et la force des vents, l'état du ciel, la pluie et la direction de l'aiguille aimantée.

OBSERVATOIRE DE BORDEAUX.

PERSONNEL.

Le personnel scientifique se compose de :

MM. Rayet, *Directeur*;
Doublet, élève astronome;
Courty, élève astronome;
Faysse, employé.

BUDGET.

Le budget total est de 30,000 francs; 20,000 francs sont alloués par l'État et 10,000 par la ville.

INSTRUMENTS.

M. le directeur a dû s'occuper cette année de la construction de divers instruments qui doivent être installés à l'observatoire de Bordeaux, c'est-à-dire : 1° de l'instrument méridien expédié et mis en place au mois de mars; 2° d'un équatorial de 14 pouces dont l'objectif a été commandé à M. Merz, de Munich; M. Eichens est chargé de la partie mécanique et de la monture; 3° d'un équatorial de 8 pouces construit par M. Eichens, avec un objectif des frères Henry, qui devra être livré dans le délai de quinze mois, c'est-à dire vers la fin de l'année 1881.

TRAVAUX.

ASTRONOMIE.

Le défaut d'instruments, le temps que M. Rayet a dû dépenser pour surveiller ceux en construction, n'ont pas permis encore à l'observatoire de Bordeaux d'entrer dans une sphère d'activité régulière; toutefois, avec un équatorial de 8 pouces, que l'Académie des sciences avait mis à sa disposition, M. le directeur et M. Doublet ont pu continuer la revision des cartes de Chacornac.

Ils ont observé du 10 au 30 mai la comète de 1880. Ils ont aussi mesuré et dessiné la tache rouge de Jupiter.

MÉTÉOROLOGIE.

Les travaux météorologiques exécutés à l'observatoire de Bordeaux comprennent la mesure de la pression atmosphérique, de la température et de l'humidité de l'air, du maxima et du minima diurne, l'appréciation de la direction et de la force du vent et de l'état du ciel.

Ces observations se font sept fois par jour, de trois heures en trois heures.

Depuis le 1er juillet 1880, les observations magnétiques également trihoraires se sont ajoutées aux observations météorologiques. Elles comprennent: 1° la mesure des variations de déclinaison à l'aide de l'appareil de Gauss; 2° la mesure des variations de l'intensité horizontale au moyen des oscillations d'un barreau aimanté librement suspendu.

M. le directeur a déjà publié partiellement ces observations astronomiques et météorologiques; il a, en outre, préparé le premier volume des Annales, qui comprendra alors la totalité des travaux, et divers mémoires spéciaux.

OBSERVATOIRE DE LYON.

L'observatoire de Lyon comprend quatre stations :

1° Une station astronomique à Saint-Genis-Laval;

2° Une 1re station météorologique au Parc de la Tête-d'Or;

3° Une 2e station météorologique au Mont-Verdun;

4° Une 3e station météorologique à Ampuis.

PERSONNEL.

Le personnel comprend :

MM. André, astronome titulaire, *Directeur ;*

Gonnessiat, élève astronome ;

Jays, météorologiste adjoint ;

Marchand, aide météorologiste ;

Trémaut, auxiliaire à titre provisoire.

BUDGET.

Le crédit alloué par l'État est de 20,000 francs.

BATIMENTS.

La construction des bâtiments dans les stations météorologiques est terminée, et déjà plusieurs instruments y sont installés.

A l'observatoire proprement dit de Saint-Genis-Laval, on a construit dans le courant de l'année 1880 : 1° une petite salle méridienne destinée à un instrument portatif de Rigaud ; 2° une salle méridienne plus vaste destinée à un cercle méridien de 6 pouces d'ouverture, construit par M. Eichens ; 3° un bâtiment pour la bibliothèque, les cabinets de travail des observateurs et un laboratoire d'expériences ; ce bâtiment devra être terminé dans le courant de mai ; 4° la construction d'une coupole qui abritera un équatorial de 6 pouces a été commencée, mais elle est encore loin d'être achevée ; 5° sous une guérite roulante on a installé une petite lunette de 4 pouces qui permet de faire quelques observations équatoriales.

INSTRUMENTS.

Les instruments astronomiques actuellement installés sont :

1° Un petit cercle méridien portatif de 60 centimètres de distance focale, dont le réticule est disposé pour l'observation électrique. Il est accompagné d'une pendule sidérale et d'un chronographe Bréguet, sur lequel s'enregistrent l'heure de la pendule et celle de l'observation.

2° Un cercle méridien d'Eichens, construit sur le modèle du cercle méridien donné par M. Bischoffsheim à l'observatoire de Paris. Il est accompagné d'une pendule sidérale Rédier, et d'un frappeur électrique qui bat la seconde.

3° Une lunette de 4 pouces, montée sur un pied équatorial, qui sert actuellement à l'observation des satellites de Jupiter et des occultations d'étoiles.

4° L'observatoire possède, en outre, deux chronomètres Bréguet, l'un réglé sur le temps sidéral, et l'autre sur le temps moyen.

5° Un équatorial de 6 pouces se trouve actuellement en construction chez MM. Brunner.

TRAVAUX.

ASTRONOMIE.

Les travaux astronomiques n'ont pu encore être sérieusement entrepris, et ils se réduisent à peu près aux observations nécessaires pour donner l'heure à la ville de Lyon.

MÉTÉOROLOGIE.

Les travaux météorologiques effectués au Parc en 1879 et 1880, ainsi que ceux exécutés au Mont-Verdun et à Saint-Genis-Laval depuis le mois de juillet 1880, sont actuellement à l'impression.

M. André a publié, cette année, une étude sur le climat du Lyonnais, où l'on trouve discutées les observations faites à Lyon depuis 1854; il a également publié une étude sur les orages à grêle qui ont traversé le département du Rhône depuis 1824.

OBSERVATOIRE D'ALGER.

La réorganisation de l'observatoire d'Alger, sous la direction de M. Trépied, a été commencée au mois d'octobre 1880.

PERSONNEL.

Le personnel se compose de :

MM. Trépied, *Directeur*, chargé en outre d'une conférence d'astronomie à l'École des sciences;

Rambault, aide observateur.

BUDGET.

Le crédit pour l'année 1881 alloué par l'État est de 12,900 francs.

INSTRUMENTS.

Cet établissement ne possède que quelques instruments du plus petit modèle et presque tous défectueux :

1° Un cercle méridien portatif, de Brunner, sans micromètre;

2° Un télescope Foucault, de 33 centimètres d'ouverture, sans monture parallactique;

3° Un télescope de Foucault, de 50 centimètres d'ouverture, avec monture parallactique.

Ce matériel sera augmenté, en 1881, d'un spectroscope, système Thollon, et d'un chronographe Bréguet pour l'enregistrement des observations méridiennes.

Un cercle méridien de Secrétan, obligeamment prêté par M. Mathieu de la Redorte, sera substitué au petit cercle méridien tout à fait insuffisant.

TRAVAUX.

Malgré l'insuffisance du personnel et l'imperfection des instruments, des travaux importants ont été effectués, savoir :

1° Trente-quatre séries d'observations méridiennes fournissant les positions de la lune et des étoiles de la zone lunaire inscrites dans la *Connaissance des temps*;

2° Neuf éclipses des satellites de Jupter;

3° Vingt-cinq phénomènes divers de ces satellites (occultations et passages sur le disque).

4° M. Trépied a, en outre, organisé un service très-utile pour la marine; il s'occupe de l'étude des chronomètres, et douze de ces appareils se trouvent actuellement à l'observation.

5° Comme travaux personnels, M. Trépied a publié cette année, dans les *Comptes rendus de l'Académie des sciences*, une Note sur l'extension de l'une

des méthodes de Cauchy pour la détermination des inégalités des planètes à des cas où cette méthode serait en défaut.

Il a de plus fourni sa part de collaboration à la *Connaissance des temps*, en calculant les occultations des étoiles par la lune pour 1882.

Il prépare actuellement deux mémoires, l'un sur la détermination de la différence de longitude de l'observatoire de Paris et de celui de Montsouris, l'autre sur l'application des intégrales elliptiques au calcul des perturbations absolues des planètes et des comètes.

Veuillez agréer, Monsieur le Ministre, l'hommage de mon respectueux dévouement.

M. LOEWY.

www.ingramcontent.com/pod-product-compliance
Lightning Source LLC
LaVergne TN
LVHW050228180726
843501LV00013BA/3331